빛깔있는 책들 ● ● ●
273

밑 반 찬

글 | 김경미 김매순 김윤자 이경희 이근형 임경려 홍순조 이춘자

㈜대원사

밑반찬

| 저자 소개

김경미
한국의 맛 연구회 이사, 서일대 식품영양과 겸임교수, 김경미 요리아카데미 원장

김매순
한국의 맛 연구회 부회장, 김매순 솜씨와 멋 대표

김윤자
한국의 맛 연구회 부회장, 안양요리학원 원장, 재능대학 호텔외식조리과 교수

이경희
한국의 맛 연구회 이사, 부산문화요리학원 원장, 조리기능장

이근형
한국의 맛 연구회 감사, 전통음식연구가

임경려
한국의 맛 연구회 부회장, 안양과학대학 호텔조리과 교수

홍순조
한국의 맛 연구회 부회장, 홍순조 요리방 대표

이춘자
한양여자대학 식품영양과 강사

도움주신 분
Photographer_ 권순철 ffull@korea.com

밑 반 찬

차례

보존성이 뛰어난 전통음식

밑반찬은 다양한 방법으로 육류, 어류, 채소 등을 저장하여 항시 먹을 수 있도록 한 전통음식이며, 오늘날 어느 상차림에도 빠지지 않는 상비식품이다. 밥상, 죽상차림의 찬품으로 또는 주안상차림의 안주로 쓰기 위하여 평소 미리 만들어 두는 일종의 단기저장 가공식품이다.

밑반찬에는 고기를 통째로 또는 저며서 소금에 절이거나 양념해서 말리는 포(脯), 여러 가지 생선에 소금을 쳐서 꾸덕꾸덕 말렸다가 필요할 때마다 조리하는 자반, 채소나 해조류에 되직하게 쑨 찹쌀풀을 발라 말려서 튀긴 부각과 튀각, 여러 식품재료를 바싹 조리거나 볶아 만든 조림이나 볶음, 그리고 무침, 절임장아찌 등으로 크게 구분할 수 있다.

포는 수조육류나 어패류를 말린 것의 총칭이다. 말리는 방법에는 날 것을 그대로 말리는 법, 소금에 절여 말리는 법, 장·설탕 등에 재웠다가 말리는 법 등이 있다. 특히 쇠고기로 포를 만들 때는 저며 만드는 육포, 얇게 저며 소를 채워 송편처럼 만드는 육포쌈, 다져서 반대기를 지어 만드는 편포, 다져서 대추모양으로 만드는 대추편포, 다져서 둥글고 편편하게 하여 잣을 여러 개 박아 말린 칠보편포 등 여러 가지가 있으며 이것은 폐백 품목과 술안주감으로 널리 이용된다. 이외에 노루포, 문어포, 민어포, 배포(焙脯 : 쇠고기나 돼지고기를 저며 소금·천초 등으로 양념하여 시렁에 매달아 불을 피워 말린 것), 추포(秋脯 : 오징어 말린 것), 생치포(生稚脯 : 꿩포), 뱅어포, 북어포 등이 있다.

근대조리서인 『조선선무쌍신식요리제법』에 의하면 포에 대한 해설을 다음과 같이 하고 있다. 얇게 저며 만든 것은 포, 저며서 생강과 후춧가루를 뿌린 것은 단(腶), 적은 고기를 원통으로 말린 것은 석(腊), 포에 뼈가 있는 것을 자(胏), 생선 말린 것을 수(鱐), 꿩을 말린 것은 거(腒), 포에 펴서 말린 것을 정(脡), 가운데를 접어 말린 것을 구(朐)라고 구별하였다. '포란 말려서 서로 재어두기 때문에 포라 하며 수는 말려서 움츠려 두기 때문이며 석이란 옛 석과 같은데 오래 쉬지 않도록 두는 고기'라는 해설과 함께 포와 건어 만드는 방법과 주의 사항을 상세히 기록하고 있다. 그 종류가 다양해 포와 건어물의 비중이 상당했음을 짐작할 수 있다.

식품 저장법이 발달하지 못했던 시절에는 상하기 쉬운 육·어류 등을 장기간 보존하기 위해 주로 염장을 했는데 이를 자반이라 하고 한자어로는 밥을 먹도록 도와주는 뜻이 담겨 있는 佐飯이라 한다. 자반은 그 말의 어원이 좌반佐飯에서 비롯되었듯이 넓은 의미로는 밥에 곁들이는 음식의 총칭이었으나 좁은 의미로는 생선을 소금에 절인 반찬감으로 알려져 있다. 또 자반은 생선을 소금에 절인 것 이외에도 채소나 해산물을 고추장이나 찹쌀풀을 발라 말려서 튀기거나 짭짤하게 졸인 것, 무친 것, 볶은 것 등등 그 종류가 다양하다. 자반에는 매듭자반이나 미역자반처럼 기름에 튀겨 간을 한 것도 있고 호두튀각, 다시마튀각처럼 튀겨서 설탕을 뿌리는 것도 있다. 가장 널리 쓰이는 생선자반은 준치자반, 조기자반, 비웃(청어)자반, 고등어자반, 갈치자반, 뱅어자반, 연어자반, 밴댕이자반, 전어자반 등 그 종류가 매우 많다. 장똑똑이자반처럼 쇠고기를 간장에 졸이든지 무친 것과 전복쌈, 어란魚卵, 대하볶음, 암치, 건대구 등도 포함된다.

부각과 튀각은 제철에 나는 재료를 그때그때 갈무리해 두는 방법으로 널리 이용되었다. 감자부각, 김부각, 참죽부각, 아카시아꽃부각, 동백잎부각, 깻잎부각, 들깨송이부각, 메뚜기부각, 국화잎부각, 풋고추부각, 두릅부각 등 다양하다.

장아찌는 장과醬瓜라고도 하며 더덕, 무, 오이, 마늘, 생선 등을 간장이나 된장, 고추장, 막장, 식초 속에 넣어 삭힌 다음 양념하거나 그냥 먹는 것으로 상차림에 대비하여 준비해 두는 밑반찬이다. 감장아찌, 두부장아찌, 가지장아찌, 달래장아찌, 깻잎장아찌, 천초장아찌, 산초장아찌, 굴비장아찌, 전복장아찌 등이 있다. 이것은 초기 김치의 한 원형에서 비롯된 것으로 대부분의 채소류가 다양하게 장아찌로 쓰이고 있으며 보수성이 강하게 전해내려 오는 전통음식이다.

이렇게 다양한 종류의 포·자반·부각·튀각·조림·볶음·장아찌 등은 보존성이 뛰어나고 맛이 짙어 밑반찬에 두루 쓰였다. 특히 생선자반은 교통이 발달하지 못했고 냉동·냉장 시설이 없었던 시절, 장꾼들이 산간오지까지 생선을 공급할 수 있어 자반 중에 으뜸으로 취급받았다.

밑반찬의 전통과 발달

인류가 수렵과 채집, 어로에 의한 먹이 획득이 가능해지면서 인간은 육류와 어류를 식용하기 시작했다. 이때 먹고 남은 육류와 어류가 자연건조에 의해 포나 자반으로 만들어지면서 밑반찬의 역사가 시작되었다고 할 수 있다. 또 산수가 뛰어나고 기후가 청명한 우리나라 자연환경에서 향미로운 맛을 지닌 다양한 산야채의 갈무리는 겨우 내내 훌륭한 먹거리로 개발될 수 있었다. 이렇듯 포나 채소 및 해조류의 갈무리법은 고대로부터 전해져 온 저장식이다.

구석기시대는 수렵과 어로를 중심으로 한 동물 사냥과 물고기 어획, 식물 등을 채집하며 식생활을 영위하였다. 신석기시대에 농경이 시작되었지만 농경이 전체 생계에서 차지하는 비중이 크다고는 할 수 없었다. 전보다 줄어들긴 하였지만 동물 사냥·물고기 잡이·채집 경제 등이 여전히 식량 공급원의 큰 몫을 차지하였다.

청동기시대와 철기시대 초기에는 생산 경제가 더욱 발달하여 점차 정착되어 갔다. 수렵·채집 경제는 그 비중이 낮아졌지만 여전히 생업활동의 중요한 수단이었으며 아울러 소, 말, 돼지, 개 등의 가축 사육이 늘어나게 되었다.

이 시기에는 사슴, 고라니, 멧돼지, 토끼, 곰 등을 사냥하였고 물고기와 조개잡이로 도미류, 농어, 가오리류, 복어류, 상어류, 가자미, 넙치, 큰 바지락, 피뿔고둥, 우럭, 백합, 전복, 꼬막 등을 잡았다. 이러한 먹거리들은 동물성 단백질급원으로 중요하였으나 부패가 쉬운 것이므로 당시 사람들은 먹거리 비축을 위한 보존방법을 모색하였을 것이다. 이를 위한 가장 원초적인 방법으로 자연건조법이나 소금에 절이는 법 등의 저장가공법을 개발하였을 것으로 짐작된다.

한편 무속의 여러 행의行儀, 부락의 평안을 기원하는 고사 행의, 가례의 제향祭享을 행할 때 포, 자반 등의 건어물은 제물로 이용되었다. 부족국가가 연맹시대에 이미 행해졌던 파종과 추수시기에 올리는 제천의식인 고구려의 동맹, 부여의 영고, 예의 무

천, 한韓의 시월제천은 공동체적 의식이 표출된 농경의례의 한 풍습으로 자리 잡았고 이러한 의례를 행할 때 포와 자반 등이 반드시 쓰였다고 본다.

고대 국가의 재정적 기초는 토지 생산물에 있었다. 경제발전이 취약한 단계에서는 토지가 주요 생산 수단이었으며 백성들에게는 농업이 집안 경제의 주요한 원천이 되었다. 그 외에 수렵과 어로 등으로도 먹거리를 공급받았다.

삼국 중 특히 고구려는 만주 초원에 걸쳐 있던 광활한 영토에서 수렵과 목축을 통하여 먹거리를 마련하였다. 따라서 고구려는 농업국이면서도 육류음식이 발달하게 되었다. 이러한 수렵·목축환경과 일찍부터 발달한 장醬의 문화는 맥적貊炙 등의 양념고기와 같은 명물음식을 낳게 되었고 포, 자반 등도 보다 발달된 형태였으리라고 짐작할 수 있다. 그것을 뒷받침하는 기록으로『삼국사기』에 의하면 신라 신문왕(683)이 부인을 맞이할 때 납채한 품목 중에 포, 기름, 된장, 해 등이 있었다고 전해진다. 또『삼국유사』문호왕 법민편에 의하면 차득공車得公이 베푼 잔치에 찬이 50가지나 되었다는 기록으로 보아 이 무렵에 이미 찬이 풍요롭게 개발되었음을 알 수 있고, 이들 찬에는 밑반찬도 필수적으로 포함되어 있었을 것으로 추측된다. 그밖에『삼국유사』등의 문헌에 주찬酒饌을 성대히 베푼 기록과 제의례를 행한 기록이 빈번하게 실려 있어 밑반찬의 이용도를 짐작할 수 있다. 또 튀각의 대표적인 재료인 다시마, 미역 등의 해조류는 삼국시대 연해에서 채취되는 전래 토착식품으로 밑반찬의 용도로 사용되었을 것이다.

채소 저장방법의 하나로 개발된 초기 김치의 원형으로 보이는 소금절임, 초절임, 장절임 등은 채소장아찌로써 밑반찬으로 널리 애용되었다.

고려시대는 농업이 국가 경제의 기반이었기 때문에 국가는 농민 경제의 안정을 위해 권농정책을 추진하였고, 이로 인해 먹거리의 종류도 종전보다 훨씬 많아지게 되었다. 산수가 뛰어나고 기후가 청명한 좋은 풍토에서 자란 산야채는 그 맛이 좋고 향기로워 쌈싸기, 장아찌류, 나물 등으로 채소음식의 발달을 가져왔다. 또한 양조업과 제면업, 소금의 전매업 등의 식품제조업과 무역업의 발달로 객관客館이 개설되었고, 이로 인한 외식업의 등장으로 가공 저장식품이 발달하였다. 연회음식과 제의례의 규범이 정립된 시기에 건어물과 같은 밑반찬의 이용은 더욱 많아졌다. 고려시대의 조세제로 납부하는 공물 내역에 마포, 면사, 금, 은, 도자기, 숯, 종이 외에 기름, 건어물, 다시마, 김 등이 부가된 것으로 보아 그 쓰임새가 짐작된다.

조선시대에는 중농정책에 따라 토지개간, 수리시설의 확충, 종자개량, 농업기술의 혁신 등에 주력하였다. 천문기상학의 발달, 금속인쇄술의 발달로 농서農書보급이 확대되는 등 조선초기 과학문명 발달에 힘입어 농업기술 및 식생활의 과학화가 이루어졌다.

과학화에 힘입어 농업의 증진뿐 아니라 다양한 채소가 외국으로부터 유입되어 그 종류가 많아졌고, 수산물의 종류도 크게 증가되었으며, 육류도 전시대보다 크게 늘어나 쇠고기, 말고기, 개고기, 꿩고기, 돼지고기, 닭고기 등이 두루 사용되었다. 이에 따른 식품가공저장방법의 개발은 포, 자반 등의 건어물, 부각, 튀각, 조림, 볶음炒, 장아찌 등의 밑반찬 조리법이 다양하게 이루어지는 계기가 되었다. 특히 반상의 규범이 정립되어 찬이 더욱 세분화되고 다양해졌으며 조리법이 과학화되어 우리 전통음식의 고유성을 견지堅持하면서도 새로운 조리 방법들을 개발하였다. 따라서 모든 상차림에 필수적 요소인 밑반찬의 종류도 다양해졌고 품질과 맛도 좋아졌다. 포 · 어란魚卵 · 자반 등의 건어물, 부각, 튀각, 볶음, 조림, 무침, 장아찌 등의 밑반찬은 단기 저장식품의 한 유형으로 자리 잡아 우리 실생활의 주요 찬물이 되었다.

민족의 정서가 담긴 밑반찬

우리나라 전통적인 상차림은 주로 찬으로 구성되어 있다. 밥과 국 이외에 갖가지 반찬으로 상을 차리는데 이에 상당한 부분을 차지하는 것이 밑반찬이다. 그래서 주부들은 평소에 밑반찬을 준비해 두었다가 필요할 때 상에 올리곤 하였다.

우리는 예로부터 공동체 의식이 강한 민족이다. 이웃은 물론 길을 가다 잠시 들른 사람이나 허기진 사람이 있으면 그들을 모두 내 가족처럼 생각하여 음식을 나누며 살았다. 또 선조들은 자기 집에 온 사람에게 음식을 꼭 대접하여 보내는 것을 미풍양속으로 여겼다. 그런데 갑자기 방문한 손님을 대접하기 위한 음식 마련은 쉬운 일이 아니었다. 당시는 오늘날과 달리 불을 지피는 일이 매우 번거로워서 요리하는 데 시간이 많이 소요되었다. 그래서 주부들은 언제라도 손쉽게 손님대접을 할 수 있도록 밑반찬을 준비하였다가 필요한 경우에 유용하게 사용하였다. 이래서 밑반찬에는 누군가 불시에 방문한다 해도 즉시 상을 보아 음식을 나누려는 공동체 의식이 깔려 있다.

우리나라는 사계절이 뚜렷하여 계절마다 생산되는 음식재료들이 각기 다르다. 그리고 지역마다 생산되는 재료들이 달라 주부들은 철따라 생산되는 여러 지역의 음식재료들을 그때그때 구입해 저장식품으로 만들어 두었다가 일 년 내내 상에 올리곤 하였다. 그래서 사계절 식품을 일 년 내내 맛있게 먹을 수 있었다. 생선이나 채소를 깨끗이 손질하여 맑은 햇살에 말리거나 된장, 고추장에 박아 장아찌나 부각으로 만들어 보관하였다가 필요할 때 꺼내어 사용하였다.

또 밑반찬이 발달한 이유는 먹거리가 부족했기 때문이다. 유통구조가 빈약하고 보관법이 취약하여 필요할 때 싱싱한 재료를 공급받기가 힘들었다. 그래서 신선한 재료가 공급되는 시기에 그것을 충분히 준비하여 밑반찬으로 만들어 두었다가 갑자기 음식이 필요할 때 사용하였다. 먹거리가 부족할 때를 대비하여 그것이 흔할 때 미리 음식물을 저장하는 준비성을 엿볼 수 있다. 가을걷이가 끝나고 찬바람이 불기 시작하기 전 햇살이 따사로울 때 우리 농가에서 지붕 위나 채반, 멍석 등에 호박, 박, 무 등의

11

채소와 해조류, 생선 등을 널어 말리는 풍경을 쉽게 찾아볼 수 있다.

그리고 옛날 주부들은 많은 일들을 감당해야 했다. 음식물을 만드는 일 이외에 농사를 짓는가 하면 가축을 기르고 가족들의 옷도 길쌈을 하여 집에서 만들어 입었다. 그렇기 때문에 주부들은 언제나 일손이 부족했고, 자연히 요리를 하는데 충분한 시간을 투자할 수 없었다. 그래서 밑반찬을 마련해 두고 필요할 때에 사용하였다. 주부들은 시간을 절약하고 일의 효율을 높이기 위한 방편으로 밑반찬을 만들어 사용하는 지혜를 가졌다.

옛날 먹거리가 부족한 겨울철이나 일손이 부족해 매끼니 마다 새로운 음식을 장만하기 어려울 때 밑반찬인 포나 생선자반, 각종 부각과 조림, 볶음, 장아찌 등은 열량과 단백질, 특히 비타민과 무기질 등의 영양소 섭취를 보완해주며 저장식품의 독특하고 별스런 맛까지 즐길 수 있게 해준다. 그런데 부각을 제외한 대부분의 밑반찬이 저장식의 용도로 쓰임에 따라 그 맛이 짭짤하게 조미되어 있어 소금의 과다 섭취라는 단점도 있다. 그러나 냉장, 냉동시설이 없었던 옛날과는 달리 지금은 소금의 농도를 낮추어 냉장, 냉동 보관할 수 있어 소금의 과다 섭취 문제를 해결할 수 있다. 밑반찬은 우리 고유의 전통음식이며 현대에도 대부분의 가정에서 두서너 가지씩의 상비식품으로 준비해 두는 우리 상차림에 없어서는 안 되는 음식이다.

이렇듯 우리 민족에게 밑반찬 음식문화가 발달한 이유에는 민족의 정서가 반영되어 있다. 우선 이웃과 언제라도 음식을 함께 나눌 수 있는 공동체 의식을 엿볼 수 있고 또 먹거리가 부족할 때를 대비하는 준비성과 일손이 부족할 때 일의 효율을 높이기 위한 방편으로 발달한 밑반찬을 통해 선조들의 삶의 지혜를 엿볼 수 있다.

전통과 창조의 조화

현대 사회는 세분화, 전문화되어 가고 있다. 그 과정에서 과거보다 많은 인력이 필요하다 보니 주부들이 일을 가지는 경우가 많아졌다. 직업여성들이 바쁘게 일을 하다 보면 음식 만들 시간이 넉넉하지 않아 반찬을 사서 먹는 경우가 많아져 밑반찬의 수요가 늘어나고 있다.

뿐만 아니라 도시락 반찬에도 밑반찬은 필수적이다. 요즘은 외식업체에서 학생들이나 직장인들의 도시락을 공급하기도 하는데 이때 마른 반찬의 수요가 대폭 늘어난다. 이러한 경향에 발맞추어 나갈 수 있도록 맛있고 영양을 갖춘 밑반찬을 개발하여 시대적인 요구에 부응해야 한다.

이러한 사회적 수요에 대응하기 위해서는 지금까지의 밑반찬에 대한 개념에서 탈피하여 좀 더 나은 밑반찬을 만들기 위한 노력이 요구된다.

우선 밑반찬의 종류를 다양하게 늘려가야 한다. 지금까지의 밑반찬은 주로 오랜 시간 보관하는 데에만 초점을 맞추어 대부분이 짜고 딱딱한 것이었다. 짜고 딱딱한 밑반찬은 보관하는 데는 용이하지만 자칫 음식 본래의 독특한 미각 기능을 잃어버릴 수가 있다. 그러나 이제는 기존 밑반찬의 한계를 뛰어넘는 새로운 종류의 마른 반찬을 개발하여야 한다.

또한 밑반찬의 고급화를 시도해야 한다. 입맛이 고급화된 소비자는 원재료의 독특한 맛과 그 형태가 살아 있는 획기적인 밑반찬을 요구한다. 따라서 단순히 먹기 위한 음식이 아니라 감상하고 음미하면서 먹는 차원에서의 밑반찬이 개발되어야 한다. 예를 들면 부각 같은 것도 만드는 방법을 연구 개발하여 재료의 형태가 그대로 살아 있으면서도 고유한 맛을 잃지 않는 고급 반찬으로 만들 수 있어야 한다.

밑반찬의 고급화를 위해서는 포장하는 수준도 높여야 한다. 고도로 발달한 현대의 포장기술을 음식물 포장에도 도입하여 음식물 본래의 맛을 잃지 않으면서도 보관이 간편한 포장이 필요하다. 그리고 포장의 크기도 수요에 따른 대단위 포장과 개인을 위한 소단위 포장을 하여 소비자로 하여금 선택의 폭을 넓혀 주어야 한다.

또 각 지역 생산물의 특성을 살려 그 지방에서만 맛볼 수 있는 고유하고 특수한 밑반찬을 개발해야 한다. 물론 현재도 지방 특색을 담은 밑반찬이 개발되어 관심을 끌고 있기는 하지만 보다 많은 종류의 식품개발로 대중들의 다양한 욕구를 충족시켜 줄 방법을 모색해야 한다.

무엇보다도 고유한 전통을 살려서 만드는 밑반찬에 담긴 선조들의 지혜를 후손에게 전수하여 주어야 한다. 그러나 너무 전통만 고집하여 재창조를 도외시하여서는 안 된다. 전통을 살리는 것은 물론 전통과 창조가 조화를 이룬 음식을 개발하려는 끊임없는 시도가 필요하다. 옛 것이면서도 새롭고, 가장 우리 것이면서도 세계화의 당당한 구성요소가 될 수 있는 밑반찬의 기술 개발을 지속적으로 추진해 가야 한다.

이렇게 새로운 발전방향을 모색하여 마른 반찬에 대한 수준 높은 기술 개발을 이룬다면 외식시대를 맞고 있는 현대인들의 밑반찬에 대한 호응은 점차 높아질 것이다.

밑반찬의 종류와 분류

　밑반찬은 저장성이 높은 음식으로 크게 포, 자반, 부각, 튀각, 그리고 짭짤하고 국물이 빠듯하게 조리한 볶음이나 조림, 무침, 장아찌 등으로 분류할 수 있다.

가. 포

① 육류포 – 육포, 편포, 약포, 대추편포, 칠보편포, 편포쌈(포쌈), 육포쌈, 장포, 염포, 진주자반, 산포, 배포, 노루포, 치육포, 생치포 등
② 생선(어포)및 패류포 – 암치, 가오리포, 북어포, 대구포, 관목(청어포), 마른문어쌈, 문어포, 뱅어포, 추포, 주리포, 전복포, 게포, 전복쌈, 전복쌈포, 홍합포, 조갯살포, 해삼포, 건새우 등
③ 어란 – 건치어란(숭어알말린것=치란), 민어어란, 대구어란 등 각종 어란

나. 자반

① 생선류 – 굴비, 고등어자반, 갈치자반, 준치자반, 전어자반, 비웃(청어)자반, 송어자반, 연어자반, 멸치자반, 밴댕이자반 등
② 채소 및 해조류 – 더덕자반, 도라지자반 등
③ 기타 – 콩자반(콩장), 볶은콩자반, 땅콩자반, 가루자반粉佐飯, 밀자반 등

다. 부각, 튀각

부각 ┬ ① 채소류 – 생강나무잎부각, 참죽부각, 참죽고추장부각, 박주가리잎부각, 깻잎부각, 들깨꽃송이부각, 아카시아꽃부각, 쑥부

각, 두릅부각, 국화잎부각, 도라지부각, 산나물부각, 우엉
잎부각, 차조기보송이, 천초부각, 풋고추부각, 고구마잎
부각, 모시잎부각 등
- ② 해조류 - 김부각, 다시마부각, 속대기부각(돌김부각), 미역부각 등
- ③ 기타 - 꼬치부각, 메뚜기부각 등
튀각 ┌ ① 채소류 - 감자부각, 우엉튀각, 차잎튀각 등
     ├ ② 해조류 - 매듭자반, 다시마튀각, 김튀각, 미역귀튀각, 미역튀각 등
     └ ③ 기 타 - 묵튀각, 임자자반, 호도튀각 등

* 찹쌀풀을 입혀서 식용유에 튀긴 것은 비록 자반, 튀각의 명칭일지라도 부각으로 분류한다.

라. 조림

- ① 육류 - 장조림, 장산적, 돼지고기장조림, 똑도기자반, 약포조림, 돼지고기
        다시마조림, 댕가지조림, 약포조림, 생치장조림 등
- ② 어패류 - 도루묵조림, 멸치조림, 마른조갯살조림, 마른오징어조림, 북어조
          림, 우럭콩조림 등
- ③ 채소류 - 씨감자조림, 우엉조림, 연근조림, 꽈리고추조림, 무곰, 무왁저지 등
- ④ 해조류 - 다시마조림, 미역지짐이 등
- ⑤ 기타 - 콩조림(콩자반, 콩장), 청태콩자반, 도토리묵조림, 호두장조림(호두
         장아찌), 달걀장조림, 메추리알장조림, 두부장조림, 두부조림 등

마. 볶음

- ① 어패류 - 전복초, 홍합초, 삼합초, 해삼초, 잔멸치볶음, 보리새우볶음, 방게
          볶음, 등
- ② 채소류 - 마늘종볶음, 풋고추볶음 등

└─ ③ 기타 – 고추장볶음(약고추장), 말린묵볶음, 메뚜기볶음 등

바. 무침

─ ① 생선류– 북어포무침, 북어삼색보푸라기, 대구포무침 등
─ ② 해조류– 김무침 등
└─ ③ 채소류– 짠무무침, 외지무침 등

사. 장아찌

─ ① 채소류 – 삼합장과, 두부장과, 오이갑장과, 무갑장과, 미나리장과, 쪽장과,
　마늘종장아찌, 참죽장아찌, 깻잎장아찌, 마늘통장아찌, 무릇잎장
　아찌, 매실장아찌, 동아장아찌, 무장아찌, 무말랭이고추잎장아찌,
　오이고추장장아찌, 곤달비장아찌, 질경이장아찌, 양하장아찌, 더
　덕장아찌, 감장아찌, 가지장아찌, 오이지, 노각장아찌, 고추잎장아
　찌, 풋고추지, 천초장아찌, 감잎장아찌, 부추장아찌, 분초지, 무말
　랭이장아찌, 무릇장아찌 등
─ ② 생선류 – 굴비장아찌
└─ ③ 기타 – 두부장아찌

아. 기타

마른 구절판 : 전복쌈, 육포쌈(약포쌈), 대추편포, 칠보편포, 민어포 등 각종
　어포, 숭어어란 외 각종 어란, 문어나 오징어 오림, 밤초, 대추초, 율
　란, 생란, 조란, 은행볶음, 잣솔 등

여러 가지 조리법

시댁·친정부모님을 위한 밑반찬

가지약지 | 게웃젓 | 군소장과 | 당귀장아찌 | 대추장아찌 | 명태식해 |
뽕잎장아찌 | 뽕잎조림 | 산초잎장아찌 | 상어장과 | 송이 장조림 |
어리굴젓 | 자리돔조림 | 장산적 | 전복젓 | 호두장아찌

가지약지

_ 재 료

가지 5개

양념장 : 간장 1+1/2큰술, 물 1큰술, 다진마늘 1/2큰술, 다진파 1큰술, 깨소금 약간, 참기름 약
간, 고춧가루 약간

_ 조리법

1 가지는 깨끗이 씻어 굵기 1cm, 길이 3cm 정도로 썬다.

2 손질한 가지는 끓는 물에 살짝 데쳐 채반에 널어 햇빛에 말린다.

3 말린 가지를 물에 불려 꼭 짠다.

4 양념장을 잘 혼합하여 가지에 넣고 조물조물 무친다.

* 말린 가지이기 때문에 씹히는 맛이 쫄깃쫄깃하며 밑반찬으로 일품이다.

게웃젓

_ 재 료

전복내장 300g
소금물 적당량
굵은소금 1+1/2큰술
고명 : 쪽파 약간, 홍고추 약간
무침양념 : 다진양파, 다진청양고추, 깨소금, 참기름 약간씩

_ 조리법

1 전복에서 전복내장을 떼어낼 때는 잘 드는 칼로 내장이 터지지 않도록 조심해서
  분리한다. 소금물에 씻어 불순물을 제거한다.
2 ①의 전복내장을 체에 밭쳐 물기를 빼고 굵은소금에 살살 버무린다.
3 버무린 전복내장을 저장 용기에 담아 16~18℃의 실온에 둔다.
4 일주일 정도 숙성되면 냉장보관하여 3개월 후 먹을 만큼 꺼내어 잘게 썬 후 식성
  에 맞추어 양파, 청양고추를 다져넣고 깨소금과 참기름을 약간씩 넣어 무쳐낸다.

* 담백하면서도 구수하다. 밥을 비벼 먹으면 아주 맛있다.

군소장과

_ 재 료

군소 5마리(小 8마리-300g)

다진 쇠고기 150g(양념 : 간장 1/2큰술, 다진파 1큰술, 다진마늘 1큰술, 참기름 1큰술, 깨소금
              1큰술, 후춧가루 1큰술)

표고 2장

양파 2개

두부 1/3모(양념 : 소금 약간, 참기름 약간, 후추 약간)

양념장: 육수(다시마＋멸치) 1/2컵, 건고추 1개, 맛간장 2컵, 청주 1/2컵, 설탕시럽(또는 매실
       액) 2큰술, 생강편 1쪽, 대파 1쪽

_ 조리법

1 군소는 속의 이물질을 제거하고 속과 겉을 밀가루로 주물러 깨끗이 씻어 끓는 물
   에 살짝 데쳐서 물기를 닦는다.

2 표고는 불려 곱게 채 썬다.

3 다진 쇠고기는 표고 채 썬 것과 섞어 분량의 양념을 한다.

4 양파는 곱게 다져 소금에 절여 물기를 짠 후 팬에 볶아 식혀두고, 두부는 으깨어 물
   기를 제거하고 참기름, 소금, 후춧가루로 간하여 ③의 쇠고기, 표고와 모두 섞는다.

5 ①의 속에 밀가루를 넣어 털어내고 ④를 넣어 김 오르는 찜통에 살짝 찐 후 양념
   장에 조려내어 먹을 때 편으로 썰어 낸다.

* 맛간장 만드는 법 : 간장 1컵, 다시마 5g, 멸치육수 1컵, 청양고추 2개, 청주 1컵, 물엿 1/2컵, 설탕 1/2
컵, 사과 1/4컵, 양파 1/2컵, 대파 30g, 생강 5g을 섞어 약한 불로 10분 정도 끓여 체에 걸러 사용한다.

* 경상도 지방에선 군소나 돈배기(상어)가 제사상에 놓여야 행세하는 집안으로 간주되었고, 지금
도 즐겨 먹는 음식이다.

* 군소의 영문명은 Seahare이며 복 종류의 연체동물이며 군수, 또는 바다토끼라고도 불린다. 저
칼로리 식품으로 비타민 E와 칼슘을 많이 함유하고 있으며 주로 남해안 사람들이 즐겨먹는 기장
의 특산물이다.

당귀장아찌

_ 재 료

당귀 600g
양념장1 : 간장 2컵, 물 1/2컵, 다시마(10×10㎝) 1장
양념장2 : 까나리액젓 1/2컵, 피시소스 1/4컵, 올리고당 1/2컵, 소주 1/2컵

_ 조리법

1 당귀는 깨끗이 씻은 후 물기를 뺀다.

2 냄비에 양념장①을 넣고 끓이다가 팔팔 끓으면 불을 끄고 완전히 식힌 후 양념장
  ②의 재료를 섞는다.

3 그릇에 당귀와 ②를 부은 다음 당귀가 떠오르지 않게 무거운 것으로 눌러둔다.

4 일주일 정도 지나면 국물을 따라내어 다시 한 번 끓인 다음 식힌 후 붓는다.

대추장아찌

_ 재 료

대추 300g
간장 2큰술
무명실 약간
양념장 : 고추장 1컵, 설탕 3큰술, 생강즙 1큰술

_ 조리법

1 대추는 살짝 씻어 물기를 거둔 다음 돌려 깎는다.
2 ①의 대추를 3개씩 모아 돌돌 말아 무명실로 묶는다.
3 대추를 간장에 버무려 10분 정도 재운 다음 양념장을 넣고 버무린다.
4 보름 지나면 꺼내어 대추에 묶여진 실을 풀고 썰어서 상에 낸다.

명태식해

_ **재 료**

명태 5kg
명태양념 : 고춧가루 200g, 마늘 100g, 생강 50g, 설탕 30g
굵은소금 1.5kg
좁쌀(메조) 250g(고춧가루 70g, 설탕 20g, 마늘 50g, 생강 20g)
전체양념 : 고춧가루 100g, 마늘 50g, 생강 30g, 설탕 30g

_ **조리법**

1 명태는 비늘을 긁어내고 대가리, 꼬리를 떼어낸 후 깨끗이 씻어 굵은소금에 절인
  다.(겨울 2일, 여름 1일)

2 좁쌀을 깨끗이 씻어 잔돌을 일어 내고 고두밥을 지어 한 김 나간 후 고춧가루, 설
  탕, 마늘, 생강을 넣고 양념밥을 만들어 완전히 식힌다.

3 ①의 명태를 3~4번 씻어 3~4등분 칼집을 넣고 물기 제거하여 명태양념을 넣고
  버무린다.(명태가 짤 경우 물에 담가 짠 맛을 제거하여 사용한다.)

4 ②+③을 섞어 버무리고 전체양념으로 버무려 항아리에 넣고 20~30일 숙성 시
  킨 후 먹는다.(항아리에 담을 때 내용물을 항아리의 3/4정도 담아 두고 약간 넘
  치려고 할 때가 익었다는 신호이므로 며칠 뒤 먹으면 된다.(1개월 숙성))

* 가자미식해와 같은 방법으로 명태, 갈치, 조기 등도 이용할 수 있다.

뽕잎장아찌

_ 재 료
뽕잎 1kg
물 6컵
간장 5컵
조미술 3큰술
국물멸치 100g
다시마(20㎝) 1장
고추씨 1/2컵
조청 1/2컵

_ 조리법

1 뽕잎을 씻어 끓는 물에 살짝 데친다.

2 데친 뽕잎을 털어서 채반에 넣어 물기를 거둔다.

3 분량의 물에 간장, 조미술, 국물멸치, 다시마, 고추씨를 넣어 약한 불에 서서히
   끓여 1컵 정도의 수분을 날린 후 뜨거울 때 걸러 조청을 섞어 식혀서 장아찌 간장
   을 만든다.

4 오지항아리에 ②의 뽕잎을 넣고 장아찌 간장을 부어 돌로 눌러 둔다.

5 일주일 정도 지나면 맛이 든다.

6 일주일 후 간장만 따라 끓여 식힌 다음 다시 붓는다.

* 뽕잎은 찜통에 쪄서 건조시키며, 물에 불려서 뽕잎 밥에 이용한다.
* 뽕잎을 갈아서 분말로 하면 인절미, 절편, 다식 등에 이용할 수 있다.
* 닭백숙을 할 때 뽕잎을 이용하면 맛이 담백해진다.
* 뽕잎은 비타민C가 많고 강장작용 및 조혈 작용을 한다.

뽕잎조림

_ **재 료**

뽕잎 500g

국멸치 30g

다시마 15cm

물 3컵

간장 2/3컵

마늘 1큰술

설탕 1큰술

후춧가루 약간

_ **조리법**

1 뽕잎은 연한 것으로 따서 씻은 다음 데친다.

2 국멸치는 내장을 다듬어 손질하고 다시마와 함께 물에 넣고 약한 불에서 10분 동안 끓여 체에 거른다.

3 ②의 국물에 간장, 마늘, 설탕, 후춧가루를 넣고 살짝 끓인 다음 데쳐진 뽕잎을 넣고 은근히 조린다.

* 다시마는 하루저녁 물에 불려두었다가 끓이면 더욱 좋다.
* 뽕잎조림에 생표고를 넣어도 좋다.

산초잎장아찌

_ 재 료

산초잎 1kg

간장 3컵

풀 : 산초 절인 국물, 찹쌀가루 2/3컵, 간장 1/2컵, 쌀물엿 2컵,

고추장 1/2컵

고춧가루 2컵

_ 조리법

1 산초잎은 가시를 제거하고 깨끗이 씻어 간장에 30분 정도 절이고, 살짝 절여지면 물기를 꼭 짜서 약한 볕에 꾸덕하게 말린다.(짜낸 국물은 양념장 만드는데 사용한다.)

2 ①의 국물에 간장을 더해 찹쌀가루를 풀어 끓이다가 물엿을 넣고 저어주면서 약한불에서 끓이다가 끓으면 불을 끄고 약간 식힌다.

3 ②에 고추장, 고춧가루를 넣고 다시 저으면서 끓인 후 불을 끄고 완전히 식혀 ①을 넣고 버무려 둔다.

4 먹을 때 잣을 곁들여 먹으면 그 맛을 더할 수 있다.

＊ 경상도 지방의 특산물인 산초는 옛날부터 김치 속 재료나 산초 그 자체를 요리에 많이 이용했다. 대부분 간장으로 장아찌를 담지만 고추장에 양념하는 특별한 방법이 있어 소개한다. 고기와 함께 먹으면 별미이며 항암 효과가 있다고 알려진 약선 음식이기도 하다.

상어장과

_ **재 료**

상어 1kg(상어밑간 : 청주 2큰술, 생강즙 1큰술)

소금 1큰술

상어양념장 : 맛간장 1컵, 매실액 2/3컵, 생강 2~3편, 육수 3컵, 와인 3큰술, 청주 3큰술, 국
간장 1큰술, 생강즙 1/2컵, 배즙 1큰술, 마늘 1쪽, 건고추(혹은 청양고추) 1개

밀가루 4큰술

식용유 5큰술

마른 다시마 10g

마른 다시마양념장 : 육수 3컵+양념장 1+1/2컵

청고추 2개

홍고추 1개

후춧가루 약간

참기름 1큰술

양념장 : 물 1컵, 간장 1컵, 청주 1/2컵, 설탕 1/2컵, 물엿 1/2컵, 미림 3큰술, 대파 30g, 생강
5g, 사과 1/4개, 양파 1/2개

_ **조리법**

1 상어를 포 떠서 소금을 뿌려 1시간 정도 둔 뒤 물에 한번 씻어 5×3×3cm 크기의
손가락 굵기만큼 썰어 상어밑간에 버무려 1시간 이상 재어 두었다가 채반에 널어
하루 정도 말린다.

2 ①을 밀가루에 묻혀 털어낸 후 약간 달군 팬에 식용유를 두른 다음 상어를 노릇하
게 구워 종이타월로 기름을 닦아 낸다.

3 마른 다시마는 물에 불려 마름모꼴로 썰어 마른 다시마양념장에 부드러울 때까
지 조린다. 청·홍고추는 씨를 빼고 상어 크기와 맞추어 썬다.

4 냄비에 양념장 재료를 넣고 끓으면 ②를 먼저 넣어 조린 후 ③의 다시마를 넣고
간이 배이면 후춧가루, 참기름으로 간을 하고 청·홍고추를 얹어낸다.(양념장이
탁하거나 지저분할 땐 체에 한번 걸러 내고 다시 조린다.)

송이 장조림

_ 재 료

송이 500g

멸치국물 : 국멸치 5g, 다시마 10g, 표고 10g, 청주 1큰술, 조미술 1큰술, 물 1컵

쇠고기 육수 1컵

간장 3/4컵

설탕 3큰술

마늘 5톨

통후추 1/2작은술

꿀 1큰술

_ 조리법

1 송이는 표면의 흙을 흐르는 물에 살짝 씻어 편으로 썰어둔다.

2 멸치와 다시마, 표고, 청주, 조미술에 물을 부어 하룻밤 동안 담가 두었다가 중간 불에 올려 끓으면 다시마를 건져내고 다시 10분 동안 약한 불에 서서히 끓여 체에 밭쳐 멸치국물을 준비한다.

3 냄비에 ②의 국물, 쇠고기 육수, 간장, 설탕, 마늘, 통후추를 넣고 5분 동안 끓이다가 꿀을 넣어 한소끔 더 끓인다.

4 송이를 ③에 넣고 센 불에서 5분 동안 끓인다. 식힌 다음 밀폐용기에 담아 버섯이 잠길 정도로 국물을 붓는다. 3일 후 다시 한 번 국물만 따로 끓여 식혀 붓는다.

* 양송이나 표고를 이용해도 좋다.

어리굴젓

_ **재 료**

굴 3컵(소금 1큰술 + 물 5컵)
소금 1/3컵
찹쌀풀 1/2컵
생강즙 1큰술
다진마늘 1/2큰술
통깨 1/2큰술

_ **조리법**

1 굴은 신선하고 너무 크지 않은 것으로 선택하여 소금물에 살짝 씻어 체에 밭쳐
   물기를 거둔다.

2 ①의 물기를 뺀 굴은 소쿠리에 담아 소금을 뿌린 채 24시간 정도 절여둔다. 굴이
   절여지면 미끈한 기운이 빠진다.

3 찹쌀풀을 담은 그릇에 생강즙, 다진마늘, 고춧가루, 통깨를 넣고 ②의 굴과 함께
   버무린다.

4 항아리에 담고 입구를 꼭 봉해 1주일 정도 지나면 맛있게 익는다.

* 어리굴젓을 담글 때 찹쌀풀을 넣으면 굴 송이가 흩어지지 않고 겉물이 생기지 않으며 달착지근
  하여 더욱 좋은 맛을 낼 수 있다.
* 찹쌀풀은 찹쌀가루 2큰술에 물 1/2컵을 섞어 끓여서 쓴다.

자리돔조림

_ 재 료

자리돔 300g

양념장 : 물 1+1/2컵, 간장 4큰술, 설탕 1/2큰술, 식초 1/2큰술, 생강즙 1작은술, 식용유 1큰술,
물엿 1큰술

_ 조리법

1 자리돔은 싱싱한 것으로 준비하여 소금물에 얼른 헹궈 건진다.

2 냄비에 자리돔을 넣고 물엿을 뺀 양념을 혼합하여 자리돔 위에 골고루 끼얹는다.

3 ②를 센 불에 올려 끓기 시작하면 약한 불에서 1시간 정도 졸이면서 거의 다 조려
지면 물엿을 넣고 윤기 나게 조금 더 조린다.

* 소금물은 소금 1큰술에 물 5컵을 섞어 만든다.
* 제주도에서 잡히는 자리돔은 칼슘과 단백질이 풍부하다.
* 미리 만들어 냉동 보관하여 먹을 때마다 꺼내 먹어도 맛있다.

장산적

_ 재 료

쇠고기 300g

고기양념 : 간장 1작은술, 소금 1/2작은술, 다진파 2작은술, 다진마늘 1작은술, 설탕 1작은술,
　　　　　참기름 1작은술, 깨소금 1작은술, 후춧가루 약간

양념장 : 간장 3큰술, 물 4큰술, 설탕 1큰술, 올리고당 1큰술, 생강즙 1작은술, 꿀 1큰술

참기름 1작은술

잣가루 1작은술

_ 조리법

1 쇠고기는 살코기로 준비하여 핏물을 뺀 다음 아주 곱게 다져 분량의 양념으로 양
　념하여 0.5cm두께로 편편하게 편 후 석쇠에 구워 1.5×2cm크기로 썬다.

2 팬에 꿀을 제외한 양념장의 재료를 모두 넣고 끓이다가 ①의 구운 고기를 넣어
　양념장이 자작해지도록 조리다가 꿀을 넣어 졸인다.

3 거의 다 조려지면 참기름을 둘러 윤기를 낸다.

4 그릇에 담고 잣가루를 뿌린다.

전복젓

_ **재 료**

전복 200g
소금 1작은술
게웃젓 50g

_ **조리법**

1 전복은 살아 있는 것으로 준비하여 잘 드는 칼이나 숟가락을 전복 껍데기와 살
   사이로 밀어 넣고 꾹 눌러 살을 떼어내 내장과 살을 분리하여 솔로 살을 깨끗이
   씻어 0.3cm두께로 곱게 저며 썬다.
2 저며 놓은 전복에 소금을 버무려 둔다.
3 ①에 소금을 넣고 버무린 다음 항아리에 차곡차곡 넣는다.
4 일주일 정도 지난 다음 잘 익은 게웃젓을 넣어 간을 맞춘다.

* 먹을 때는 그냥 내기도 하지만 청양고추와 고춧가루, 참기름 등을 넣어 무쳐 내기도 한다.
* 게웃젓은 전복내장을 소금물에 행궈 건져 물이 잘 빠진 후 소금을 넣고 6개월 정도 발효시킨 것
  같이다. 게웃젓 조리법 23쪽 참조.

호두장아찌

_ 재 료

깐 호두 1컵

다진 쇠고기 100g

쇠고기양념 : 간장 2작은술, 다진파 2작은술, 다진마늘 1작은술, 설탕 2작은술, 후춧가루 약간,
참기름 2작은술

양념장 : 간장 2큰술, 설탕 1/2큰술, 청주 1/2큰술, 배즙 3큰술, 양파즙 3큰술, 물 3큰술, 물엿
1큰술

_ 조리법

1 호두는 끓는 물에 아주 잠깐 넣었다가 꺼내 꼬챙이를 이용하여 속껍질을 벗긴다.

2 다진 쇠고기는 양념한 후 직경 1cm크기의 완자를 빚는다.

3 팬에 물엿을 뺀 나머지 양념을 모두 넣고 약한 불에서 끓이다가 ①을 먼저 넣
어 끓인다. 어느 정도 간이 배고 색이 들면 ②를 넣고 조린다. 거의 다 조려지
면 물엿을 넣고 잘 섞어 주면서 윤기를 내어 불에서 내린다.

* 호두의 속껍질을 벗기지 않고 사용할 때는 끓는 물에 데쳐내어 떫은 맛을 우려내면 된다.

사위 · 며느리를 위한 밑반찬

가자미식해 | 고추김치 | 마늘종 보리새우조림 | 멸치 마늘조림 |
무말랭이 발효콩무침 | 약고추장 | 오이숙장아찌 | 왕멸치조림 |
우엉잡채 | 우엉조림 | 자리돔젓 | 총각무 종합장아찌

가자미식해

_ **재료**

가자미 5kg

굵은소금 1.5kg

가자미양념 : 고춧가루 200g, 마늘 100g, 생강 30g, 설탕 30g

좁쌀(메조) 250g

좁쌀양념 : 고춧가루 150g, 마늘 50g, 설탕 210g, 생강 20g

무 2kg

고운소금 50g

무양념 : 고춧가루 150g, 마늘 80g, 설탕 3큰술, 생강 20g, 고운소금 20g

전체양념 : 고춧가루 100g, 마늘 100g, 설탕 30g, 생강 30g

_ **조리법**

1 가자미는 비늘을 긁어내고 대가리, 꼬리를 떼어낸 후 깨끗이 씻어 굵은소금에 절
  인다.(겨울엔 2일, 여름엔 1일)

2 ①의 가자미를 3~4번 씻어 3~4등분 칼집을 넣고 물기 제거하여 가자미양념으
  로 버무린다.(가자미가 짤 경우 물에 담가 짠 맛을 제거하여 사용한다.)

3 좁쌀을 깨끗이 씻어 잔돌을 일어 내고 고두밥을 지어 식힌 다음 좁쌀양념을 넣고
  양념밥을 만들어 완전히 식힌다.

4 ②와 ③을 섞어 버무리고 전체양념으로 양념하여 항아리에 넣고 20~30일 숙성
  시킨다.

5 ④가 숙성되면 무 5×2×2cm로 썰어 고운소금에 절였다가 물기 제거하여 양념
  한 후 함께 버무려 2~3일 숙성시키면 먹을 수 있다.

* 항아리에 담을 때 내용물을 항아리의 3/4정도 담아 익었을 때 넘치지 않도록 한다.

고추김치

_ 재료

고추 400g(소금 1큰술, 물 1컵)
무 100g
배 50g
밤 30g
고추소 : 소금 약간, 멸치액젓 1/3컵, 고운고춧가루 2큰술, 실고추 약간
김치국물 : 물 3컵, 멸치액젓 1큰술, 소금, 설탕 약간씩

_ 조리법

1 고추는 맵지 않은 것으로 골라 반을 가르고 씨를 빼어 소금물에 1시간 정도 절
인다.

2 무, 배, 밤은 곱게 채 썰어 고추소의 재료를 넣고 버무려 소를 만든다.

3 절인 고추에 소를 넣고 그릇에 켜켜로 담아 잠길 정도의 김치국물을 넣고 간을
맞춘다.

* 하루 동안 상온에 두었다가 냉장고에 보관하여 두고 먹는다.

마늘종 보리새우조림

_ **재료**

마늘종 200g

보리새우 50g

식용유 1큰술

양념장 : 간장 2큰술, 청주 1큰술, 설탕 1/2큰술

참기름 1큰술

통깨 1작은술

_ **조리법**

1 마늘종은 연한 것으로 골라 씻고 4cm길이로 썰어 식용유를 두른 달군 팬에서 파랗게 볶는다.

2 새우는 마른 팬에 볶아 수염을 제거하고 잡티를 없앤다.

3 간장, 청주, 설탕을 분량대로 넣어 양념장을 만든다.

4 ①과 ②를 ③에 넣고 국물이 졸아들 때까지 조린다.

5 맨 마지막에 참기름과 통깨를 넣는다.

* 마늘종의 억센 부분은 껍질을 벗겨 사용하여야 부드럽게 조리할 수 있다.

* 마늘종 대신 꽈리고추를 함께 조려도 좋다.

멸치 마늘조림

_ **재료**

멸치 100g

마늘 50g

식용유 약간

양념장 : 간장 1+1/2큰술, 물엿 1큰술, 설탕 1작은술, 물 2큰술

참기름 1큰술

통깨 1작은술

_ **조리법**

1 멸치는 머리, 내장을 제거하고 바삭하게 볶는다.

2 마늘은 편으로 썰어 살짝 볶는다.

3 양념장의 재료를 냄비에 넣어 끈기가 나도록 서서히 끓이면서 조린다.

4 ①과 ②를 양념장에 넣고 잘 뒤적여 가면서 조리고 마지막에 참기름과 통깨를 넣어 버무려 낸다.

* 양념장은 한 번에 많이 끓여두었다가 다른 건어물의 밑반찬에 같은 방법으로 활용하면 편리하다.

무말랭이 발효콩무침

_ 재료

무말랭이 250g
발효시킨 흰콩(청국장 콩) 1컵
간장 1컵
식초 3큰술
설탕 1작은술
물엿 3큰술
청양고추 2~3개
고춧가루 2작은술
다진파 1작은술
다진마늘 1큰술
깨소금 1큰술
참기름 1큰술

_ 조리법

1 무말랭이를 깨끗이 씻어 건져 불린 다음 물기를 제거한다.

2 간장, 식초, 설탕, 물엿을 섞어 잘게 썬은 청양고추를 넣고 무말랭이 불린 것을 담갔다가 간이 배이면 건진다.

3 고춧가루, 다진파, 다진마늘, 깨소금, 참기름을 섞어 간장에서 건져낸 무말랭이와 발효콩을 넣어 무친다.

약고추장

_ **재료**

다진 쇠고기 100g

쇠고기양념 : 간장 1작은술, 다진파 1작은술, 다진마늘 1/2작은술, 설탕 1작은술, 배즙 1/3컵,
　　　　　　　생강즙 1작은술, 후춧가루 약간, 참기름 1작은술

고추장 1컵

꿀 1/3컵

참기름 3큰술

_ **조리법**

1 다진 쇠고기는 양념을 하여 약한 불에 부드럽게 볶아서 고추장을 넣어 잘 저어
주면서 천천히 볶는다.

2 꿀, 참기름을 간격을 두고 순차적으로 넣어가며 볶는다.

* 여기에 사용하는 고추장은 시중에서 구입할 수 있는 단맛이 많은 고추장이며, 집에서 담근 고추
장을 사용할 때에는 배즙과 설탕을 넉넉히 넣어 볶아주어야 짠맛이 덜하고 부드럽고 맛있다. 특
히 고추장을 햇빛을 쪼이다보면 위가 꾸덕꾸덕 마르게 되는데 이 고추장에 배즙을 넉넉히 넣어
사용하면 자칫 버리게 되는 마른 고추장도 부드럽게 사용할 수가 있다.

오이숙장아찌(오이갑장과)

_ 재료

애오이 4개

소금 2큰술

홍고추 1개

참기름 약간

쇠고기(홍두깨살) 50g

표고(大) 1장

쇠고기, 표고양념장 : 간장 1큰술, 설탕 1큰술, 다진파 1큰술, 다진마늘 1/2큰술, 후춧가루 약
간, 참기름 1/2큰술, 꿀 1큰술, 물 1큰술

잣가루 1/2큰술

석이채 약간

_ 조리법

1 연하고 가는 오이를 소금으로 문질러 씻어 5cm길이로 토막을 내어 씨를 도려내
고 1cm넓이로 썬다.

2 오이에 소금을 뿌려 1시간 정도 절였다가 베보자기에 싸서 돌로 눌러 꼬들꼬들하
게 물기를 짠다. 홍고추는 채 썬다.

3 뜨겁게 달군 팬에 참기름을 약간 두르고 ②의 오이와 홍고추 채를 넣고 살짝 볶
아 재빨리 식힌다.

4 쇠고기는 곱게 채 썰고 표고도 물에 불려 꼭 짜서 곱게 채 썬 다음 각각 양념한다.

5 팬에 ④의 양념한 쇠고기를 먼저 넣어 볶다가 표고를 넣고 볶는다. 거의 볶아졌
을 때 ③의 오이와 홍고추를 넣고 재빨리 볶아준다.

6 ⑤를 그릇에 담고 잣가루, 석이채로 고명한다.

* 완숙달걀을 4등분하여 곁들어 내면 더욱 좋다.

왕멸치조림

_ **재료**

왕멸치 300g

국간장 1컵

다시마국물 3큰술

물엿 1+1/2큰술

설탕 1/3컵

참깨 1큰술

참기름 1큰술

_ **조리법**

1 왕멸치는 머리를 떼고 내장을 제거한 다음 국간장에 넣고 끓여 체에 건진다.

2 냄비에 다시마국물, 물엿, 설탕을 넣어 끓이다가 거품이 일어나면 ①의 멸치를
  넣어 섞어 조리다가 참깨와 참기름으로 마무리한다.

* 다시마는 물에 담가 하룻밤 불려두었다가 살짝 끓여서 사용한다. 단, 실내온도가 높은 여름철에
  는 냉장고에서 우린다.

우엉잡채

_ 재료

우엉 5뿌리(1kg)

육수 1컵

양념장 : 간장 1컵, 다시마 5g, 육수 1컵, 청양고추 2개, 청주 1컵, 설탕 1/2컵, 사과 1/4개, 양
파 1/2개, 대파 30g, 생강 5g, 물엿 1/2컵

쇠고기 100g

건표고 3장

쇠고기 · 표고양념 : 간장 1큰술, 다진파 1큰술, 다진마늘 1/2큰술, 설탕 1큰술, 참기름 1큰술,
후춧가루 1큰술

캔죽순 3쪽	식용유 적당량
청피망 3개	참기름 1큰술
홍피망 1개	깨소금 2큰술
소금 약간	후춧가루 1/2큰술

_ 조리법

1 우엉은 껍질을 벗겨 어슷하게 저민 후 곱게 채쳐 식초 물에 담군 후 사용할 때 채
반에 밭쳐 물기를 제거한다.

2 양념장 재료 중 물엿을 제외한 모든 재료를 넣고 낮은 불에서 10분 정도 끓인다.
조림물이 2/3정도 되었을 때 물엿을 넣어 양념장을 만들어 둔다.

3 ①의 우엉을 달구어진 팬에 식용유를 두르고 충분히 볶다가 1컵의 육수와 2컵의
양념장을 붓고 간이 배도록 조린다.

4 건표고는 미지근한 물에 불려 곱게 채 썰고 쇠고기도 곱게 채 썰어 양념하여 볶는다.

5 캔 죽순은 끓는 물에 데쳐서 전처리하여 채치고 청 · 홍고추, 피망은 채를 썰어 팬에
식용유를 두르고 각각 볶으면서 소금, 참기름으로 간을 한다.

6 우엉 조린 것, 쇠고기와 표고 볶은 것, 죽순 피망 볶은 것을 고루 섞어 참기름, 깨
소금, 후춧가루로 맛을 내어 무친다.

우엉조림

_ **재료**

우엉 200g
당근 80g
홍고추 1개
식용유 1큰술
양념장 : 설탕 2큰술, 간장 1+1/2큰술, 청주 2큰술

_ **조리법**

1 우엉을 깨끗이 씻어 6×0.3cm크기로 썰어 물에 담갔다 헹구어 건진다.

2 당근은 우엉과 같은 크기로 썬다.

3 홍고추는 씨를 빼고 둥글게 썬다.

4 냄비를 약간 달군 다음 식용유를 두르고 ①의 우엉과 ③의 홍고추을 넣어 센 불
에서 볶는다.

5 우엉이 부드럽게 볶아지면 당근을 넣어 잘 볶은 후 양념장을 넣어 국물이 졸아들
때까지 저어주면서 조린다.

*우엉을 연필깎이 썰기하면 모양이 예쁠 뿐만 아니라 더욱 부드럽고 연하게 먹을 수 있다.
*설탕과 간장, 청주는 미리 섞어두었다가 동시에 넣고 저어 주는 것이 좋다.

자리돔젓

_ **재료**

자리돔 500g(소금 1큰술＋물 5컵)

굵은소금 100g

제피잎 10장

_ **조리법**

1 자리돔은 작고 통통한 것으로 골라 소금물에 헹궈 소쿠리에 밭쳐 물기를 뺀다.

2 ①의 자리돔을 굵은소금에 버무려 제피잎을 덮고 그늘지고 통풍이 잘 되는 서늘
한 곳에 3개월 정도 숙성시킨다.

3 숙성이 되면 먹을 만큼씩 꺼내 양념을 넣고 무쳐낸다.

* 양념은 풋고추, 고춧가루, 다진파, 다진마늘, 깨소금, 식초 등을 기호에 맞게 넣어 무친다.

* 자리돔은 제주해안에서 잡히는 생선류이며 5월~8월 사이가 제일 맛있다.

* 자리돔젓은 보리가 익을 무렵 5~6월경에 담가야 맛있다.

* 자리돔은 강회, 물회, 조림, 구이 등 조리법이 다양하다.

총각무 종합장아찌

_ 재료

총각무 1단(손질한 실랑 700g)

마늘종 2줄

오이 2개

양파 2개

홍고추 5개

풋고추 5개

샐러리 1줄기

깐마늘 1컵

생강 2쪽

깻잎 2묶음

레몬 1/4개

매실절임 1/2컵

절임장 : 간장 5컵, 설탕 2컵, 식초 2+1/2컵(6%), 물 3컵, 매실청 1컵

_ 조리법

1 총각무는 무만 떼어 깨끗이 다듬은 후 0.5cm두께로 썬다.

2 마늘종은 5cm길이로, 오이는 가운데 심을 도려내고 먹기 좋은 크기로 썬다.

3 양파도 한입크기로 자르고, 홍고추와 풋고추는 서너 토막으로, 샐러리는 껍질을 벗겨 어슷 썬다.

4 마늘은 껍질을 깐 통마늘로, 생강은 껍질을 벗겨 저며 썰고, 깻잎은 그대로, 레몬은 4등분하여 썰어 준비한다.

5 절임장의 재료를 합하여 팔팔 끓인다.

6 모든 재료를 입구가 작은 그릇에 담고 팔팔 끓인 절임장을 뜨거울 때 부어 뚜껑을 닫는다.

* 하루 정도 상온에 두었다가 냉장고에 보관해 두고 먹는다.

손자 · 손녀들을 위한 영양반찬

두부장과 | 무숙장아찌 | 밤 오이무침 | 뱅어포절임 | 새송이 메추리알조림 |

쇠고기 장조림 | 오이피클 | 콩튀김조림 | 코다리 양념조림

두부장과

_ 재료

두부 300g(소금 1/3작은술, 녹두녹말 3큰술)
식용유 적당량
쇠고기 살코기50g(양념 : 간장 2작은술, 다진파 2작은술, 다진마늘 2작은술, 설탕 1작은술, 후
     촛가루 약간, 참기름 2작은술, 깨소금 2작은술)
간장 3큰술
물 3큰술

_ 조리법

1 두부는 1.2×4cm크기로 썰어 소금을 뿌린 다음 녹두녹말을 묻혀 달구어진 팬에
  식용유를 넉넉히 두르고 노릇하게 굽는다.
2 쇠고기는 채 썰어 양념하여 무친다.
3 간장에 물을 동량 섞어 ②의 쇠고기를 넣고 끓인 후 ①의 두부를 넣고 뒤적여 조
  려 낸다.

* 두부에 녹두 녹말을 묻혀 지지면 씹히는 맛을 좋게 하며 윤기 나는 조림을 만들 수 있다.
* 녹두녹말 대신 동부녹말이나 감자녹말을 이용해도 무방하다.

무숙장아찌

_ **재료**

무 300g

간장 4큰술

표고 1장

미나리 10g

쇠고기(홍두깨살) 50g

쇠고기양념 : 간장 1/2작은술, 깨소금 1작은술, 설탕 1/2작은술, 다진파 1작은술, 다진마늘 1/2
작은술, 참기름 1작은술, 후춧가루 약간

참기름 1큰술

깨소금 1작은술

실고추 약간

_ **조리법**

1 무는 4cm×0.7cm크기로 썰어 간장으로 절인 다음 꼭 짠다.

2 미나리는 줄기만 다듬어 3~4cm길이로 썬다.

3 쇠고기와 표고는 곱게 채 썰어 함께 양념하여 볶고, 절인 무도 함께 센 불에서
볶는다.

4 ③에 무를 절였던 간장과 ②의 미나리도 함께 넣어 센 불에 볶아 참기름, 깨소금,
실고추를 넣어 무쳐낸다.

---

* 숙(熟)장아찌는 오랫동안 익혀 만드는 전통 장아찌와 달리 갑자기 필요할 때 빨리 만들어 먹을
수 있는 장아찌를 말하며 숙장과 또는 갑장과라고도 한다.

밤 오이무침

_ **재료**

밤 10개

오이 2개

양파 1+1/2개

양념장 : 소금 1작은술, 식초 3큰술, 설탕 3큰술, 고춧가루 1큰술, 깨소금 1큰술, 다진파 1큰술

_ **조리법**

1 밤은 0.2cm두께로 나박나박 썬다.

2 오이는 밤과 비슷한 크기로 껍질 쪽만 썬다.

3 양파도 비슷한 크기로 썬다.

4 분량의 양념장을 만들어 먼저 썰어 놓은 밤에 섞고, 오이와 양파를 넣어 섞는다.

* 오래 두고 먹는 반찬이라기 보다는 빨리 상큼하게 먹을 수 있으며, 견과류들을 함께 섞어 조리하면 별미이다.
* 양념장을 만들 때 다진파와 깨소금은 나중에 넣는 것이 좋다.

뱅어포절임

_ 재료

뱅어포 2장

식용유 적당량

양념장 : 고추장 2큰술, 꿀 1큰술, 다진마늘 1작은술, 참기름 1작은술, 통깨 1큰술

_ 조리법

1 뱅어포는 한입크기로 썰어 식용유에 살짝 바삭하게 튀겨내어 기름기를 거둔다.

2 양념장을 만들어 튀긴 뱅어포에 고루고루 바른다.

* 뱅어포를 튀길 때에는 깊고 좁은 프라이팬을 이용하며 식용유의 양을 최소로 사용하면 좋다.

* 양파를 먼저 튀겨낸 식용유를 사용하면 뱅어포를 맛있게 튀길 수 있다.

* 바삭하게 튀긴 뱅어포에 양념고추장을 살짝 뿌려두었다가 숨이 죽으면 밀폐용기에 다시 옮겨 담 으면 일정한 맛의 뱅어포를 먹을 수 있다.

새송이 메추리알조림

_ 재료

새송이(中) 2개(100g)

메추리알 30개

건고추 1개

대파 1대

마늘 5쪽

참기름 약간

양념장 : 간장 1/3컵, 설탕 2큰술, 물 1컵

_ 조리법

1 새송이는 1×0.5cm길이로 썬다.

2 메추리알은 완숙이 되도록 삶은 후 껍질을 벗긴다.

3 건고추는 서너 등분하여 씨를 뺀다.

4 대파는 2cm길이로 자르고, 마늘은 얇게 썰어둔다.

5 간장에 설탕, 물, 대파, 마늘, 건고추를 넣고 끓여 양념장을 만든다.

6 끓인 양념장에 썬 새송이, 삶은 메추리알을 넣고 조린다.

쇠고기 장조림

_ **재료**
쇠고기(홍두깨살) 500g
양념장 : 쇠고기 삶은 물 7+1/2컵, 간장 1컵, 설탕 1/2컵, 청주 6큰술, 통후추 1큰술, 마늘
50g, 생강 1톨, 마른고추 2~3개, 양파 1/2개, 대파잎 1뿌리

_ **조리법**
1 쇠고기는 큼직하게 잘라 30분 정도 냉수에 담가 핏물을 뺀다.
2 끓는 물에 ①의 쇠고기를 넣어 부드럽게 익을 때까지 삶은 후 건진다.
3 두껍고 넓은 냄비에 ②의 쇠고기를 넣고, 고기 삶은 물, 간장, 설탕, 청주를 섞어
붓는다.
4 ③에 통후추, 마늘, 생강편, 반으로 잘라 씨를 뺀 마른고추, 양파, 대파잎을 넣고
끓인다.
5 끓으면 불을 줄여 쇠고기에 간이 충분히 배도록 조린다.
6 완성된 장조림은 결대로 썰거나 찢어 낸다.

오이피클

_ 재료

오이 6개

양파 1개

당근 1개

파프리카 2개

담금액 : 물 4컵, 설탕 2컵, 소금 4큰술, 건고추 2개, 월계수잎 6장, 정향 10개, 통후추 20개,

통계피 30g, 식초 1컵

_ 조리법

1 오이는 동그랗게 1cm두께로 썬다.

2 양파는 밑둥이 떨어지지 않게 8등분하여 썬다.

3 당근도 동그랗게 1cm두께로 썬다.

4 파프리카는 씨를 빼고 어슷어슷 한입크기로 썬다.

5 썬 오이, 양파, 당근, 파프리카를 보관용기에 섞어둔다.

6 담금액의 재료는 모두 섞어 20분간 약하게 끓여 뜨거울 때 걸러서 ⑤의 재료에

부어 익힌다.

* 오이 및 채소를 썰어서 담글 때에는 너무 많은 양을 사용하지 말고 조금씩 자주 담그는 것이 색

깔도 예쁘고 맛있게 먹을 수도 있다.

콩튀김조림

_ 재료

메주콩 1컵

청태 1컵

물 6컵

밀가루 3컵

찹쌀가루 1컵

쌀가루 1컵

물 1컵

식용유 적당량

양념장 : 콩 불린물 3컵, 청주 1/2컵, 매실액 2/3컵, 소금 1큰술~2큰술, 간장 1컵, 물엿 1/3컵,
쌀물엿 1/2컵

_ 조리법

1 메주콩과 청태는 물에 약 2시간 정도 불린 다음 건진다.

2 밀가루에 찹쌀가루와 쌀가루를 넣어 잘 섞는다.

3 ①의 불린 콩에 ②의 가루를 각각 묻히면서 물 1컵을 나누어 뿌리기를 서너번 반
복하여 가루옷이 충분히 입혀지도록 한 후 식용유에 2번 튀긴다.

4 팬에 양념장의 재료를 모두 넣고 끓이다가 ③의 튀긴콩을 넣어 살짝 조린다.

* 마늘종이나 풋고추, 홍고추를 섞어도 좋다.
* 일반 콩조림보다 부드러운 맛이 있고 아이들 간식이나 맥주 안주에도 좋다.

코다리 양념조림

_ 재료

코다리 4마리(1.3kg)

생강즙 1큰술

양파즙 1큰술

간장 1큰술

고구마 녹말 1/2컵

식용유 적당량

양념 : 간장 1/3컵, 고추장 1큰술+초고추장 1큰술, 고춧가루 3큰술, 쌀물엿 2큰술, 참기름 3큰술, 청양고추 다짐 2개분, 다진대파 3큰술, 생강즙 2큰술, 통깨 3큰술, 액젓 1큰술, 매실청 1큰술, 후춧가루 1큰술, 다진마늘 3큰술

_ 조리법

1 코다리는 대가리뼈를 떼어내고, 깨끗이 씻어 3~4cm크기로 토막 내어 생강즙, 양파즙, 간장으로 밑간을 해둔다.

2 ①에 고구마 녹말을 듬뿍 버무린 다음 녹말을 털어낸 후 식용유에 두 번 튀겨 기름기를 거둔다.

3 양념장의 재료를 모두 섞어 둔다.

4 ②를 ③에 넣고 양념을 2~3번 나누어 버무린 후 양념이 배면 먹는다.

5 양념을 많이 버무려야 제맛이 난다.

* 시간이 지나 코다리양념조림에 물이 생기면 체에 밭쳐 밑에 밭쳐진 양념물에 쌀물엿이나 매실액을 넣어 살짝 조린 다음 코다리를 다시 버무리면 좋다.
* 코다리를 시장에서 구입할 때 덜마른 상태는 부스러지므로 구입 후 약간 말리는 것이 좋다.

청소년을 위한 밑반찬

고춧잎 견과류장아찌 | 김무침(김조림) | 돼지고기 당귀장조림 |
멸치 고추장볶음 | 무말랭이무침(골곰짠지) |
양송이 풋고추조림 | 연근 김숙조림 | 장똑또기

고춧잎 견과류장아찌

_ 재료

고춧잎 1kg

간장 1컵

다시마(10cm) 1장

설탕 3큰술

조청 1컵

물 3컵

대파 1/2뿌리

고추장 2/3컵

소주 1/5컵

견과류(호박씨, 해바라기, 호두) 2컵

_ 조리법

1 고춧잎을 끓는 물에 데쳐 헹군 다음 물기를 꼭 짠다.

2 간장, 다시마, 설탕, 조청, 물, 대파를 넣고 끓인 후 식힌다.

3 ②의 양념장에 고추장, 소주를 섞고, 깨끗이 닦은 견과류와 ①의 고춧잎을 넣어 10일 정도 맛을 들인다.

* 견과류와 녹색잎 채소에는 칼륨, 칼슘, 철분, 마그네슘이 많아서 신경, 심장기능에 좋고 행동장애와 식욕부진 결핍증에 좋다.

김무침(김조림)

_ 재료

김 10장

양념장 : 간장 1+1/2큰술, 설탕 1+1/2큰술, 참기름 1큰술, 고추장 1작은술, 사과즙 1/2컵, 청
주 약간

_ 조리법

1 김을 잘게 잘라 놓는다.

2 양념을 잘 섞어 한번 끓여 식힌다.

3 양념장이 식으면 ①의 김을 넣고 무친다.

* 땅콩을 함께 넣어 조려도 좋다.

돼지고기 당귀장조림

_ **재료**

돼지고기(장조림용) 600g

당귀 1뿌리

청양고추 3개

다시마(10cm×10cm) 1장

물 5컵

간장 2컵

물엿 3큰술

설탕 2큰술

생강 1쪽

마늘 5~6개

후춧가루 약간

_ **조리법**

1 돼지고기는 사방 4cm크기로 썰어 생강 1쪽을 넣은 끓는 물에 데친다.

2 당귀, 청양고추, 다시마는 5컵 정도의 물을 넣고 끓여 우려난 국물이 2컵이 되도록 달인다.

3 ②의 국물에 간장, 물엿, 설탕, 생강, 후춧가루를 넣어 한소끔 어우러지게 끓인 다음 ①의 돼지고기를 넣고 끓여 간장국물이 3/4컵 정도 남을 때까지 조린다.

4 ③의 돼지고기를 건져 내어 사방 2×0.7cm로 썰어서 ③의 간장국물에 다시 넣고 살짝 조린다.

* 약리학적으로 당귀는 관상동맥의 혈류량을 증가시키고 적혈구의 생성을 왕성하게 한다고 알려져 있다.

멸치 고추장볶음

_ 재료

멸치 200g

식용유 1/2컵

양념장 : 고추장 10큰술, 고추기름 6큰술, 물엿 10큰술, 청주 2큰술, 간장 6큰술, 다진마늘 1큰
술, 다진생강 1/2큰술, 고운고추가루 1큰술

통깨 1큰술

_ 조리법

1 멸치는 잔 부스러기를 털어내고 식용유에 바싹 볶아 둔다.

2 양념을 모두 섞어 타지 않게 끓인다.

3 바삭하게 볶아진 멸치를 ②에 가볍게 섞는다.

4 통깨를 뿌려 마무리한다.

* 고추기름 만드는 법

　고춧가루 1/3컵, 물 2큰술, 식용유 1컵

　1.고춧가루에 물을 넣어 잘 혼합한다.

　2.팬에 식용을 붓고 서서히 가열한 후 1의 고춧가루를 넣어 고루 저으면서 색을 우려낸다.

　3.고운 붉은 색이 우러나면 고운 체에 걸러 사용한다.

무말랭이무침(골곰짠지)

_ 재료

무말랭이 1kg
고춧잎 100g
마른 오징어 3마리
물 10컵
쌀가루 3컵
쌀물엿 5컵
고춧가루 10컵
멸치액젓 3컵
국간장 2컵
다진마늘 3컵
다진생강 1/2컵
통깨 2컵

_ 조리법

1 무말랭이는 두 번 주물러 깨끗이 씻어 물기를 꼭 짠다.

2 고추잎은 물에 오래 두지 말고 재빨리 한번 씻어 체에 밭쳐 물기를 제거한다.

3 마른오징어는 잘 드는 가위를 사용하여 4cm길이로 가늘게 자른다.

4 냄비에 5컵의 물을 붓고 끓이다가 나머지 물 5컵에 쌀가루를 조금씩 넣으면서 풀어 죽을 쑨다.

5 ④의 죽에 쌀물엿을 넣고 살짝 끓여 30분 둔다.

6 ⑤에 고춧가루와 멸치액젓, 국간장을 넣고 살짝 끓여 완전히 식힌다.(국간장이 없을 땐 소금으로 간한다.)

7 마른오징어, 무말랭이, 고추잎에 양념장을 각각 넣고 버무린 다음 다시 모두 합하여 남은 다진마늘, 생강, 통깨를 넣고 버무려 항아리에 담아 보관한다.(양념이 넉넉히 버무려져야 변질되지 않는다.)

양송이 풋고추조림

_ 재료

양송이 2컵

풋고추 1컵

양념장 3큰술

설탕 1큰술

청주 2큰술

깐마늘 6톨

_ 조리법

1 양송이는 잘 씻어서 크기에 따라 4등분이나 반으로 가른다.

2 풋고추는 깨끗이 씻어둔다.

3 양념장, 설탕, 청주, 마늘을 넣어 끓이다가 거품이 나면 양송이를 넣고 조린다.

4 간장이 반쯤 줄었을 때 고추를 넣고 함께 조린다.

5 다 조려졌으면 불을 끄고 통깨를 약간 뿌리면 더욱 좋다.

* 양념장 만드는 법

  1. 생강 20g, 통마늘30g, 통후추 1작은술, 양파 200g에 물 3컵을 부어 센 불에 끓여 끓어오르기 시작하면 약한 불에서 30분 정도 졸인다.

  2. 1에 간장 8컵, 설탕 500g, 조미술 1/2컵, 청주 1컵을 넣고 다시 끓인다.

  3. 불을 끄고 사과 1개 레몬 1개를 채 썰어 넣고 하루 정도 그늘에 두었다가 체에 걸러 용기에 담아 사용한다.

연근 김숙조림

_ 재료

연근 300g

김 10장

쪽파 15g

간장 1/2컵

물 1+1/2컵

식초 3큰술

다진마늘 2작은술

실고추 약간

설탕 1+1/2큰술

소금 2작은술

통깨 1큰술

_ 조리법

1 통연근을 깨끗이 씻어 껍질을 벗기고 0.2cm두께로 썬 다음 끓는 물에 데친다.

2 김은 구워서 큼직하게 부순다.

3 쪽파는 0.5cm길이로 송송 썬다.

4 실고추도 0.5cm길이로 썰어둔다.

5 간장에 물, 식초, 다진마늘, 실고추, 설탕, 소금을 넣어 잘 섞은 후 데친 연근과 구운 김을 넣고 재운다.

6 그릇에 담고 통깨와 실파를 얹는다.

* 완성된 음식의 색상이 너무 진하지 않도록 주의한다.
* 연근은 알칼리성 식품이며 자양강장, 지혈효과가 있다.

장똑또기

_ 재료

쇠고기 200g

물 1컵

쇠고기양념장 : 간장 4큰술, 다진파 4작은술, 다진마늘 2작은술, 후춧가루 약간, 깨소금 2작은
술, 생강즙 약간, 참기름 2작은술, 설탕 2작은술

마무리 양념 : 참기름 1작은술, 설탕 2작은술, 잣가루 1작은술

_ 조리법

1 쇠고기는 부드러운 살코기로 준비하여 5cm길이로 굵게 썬다.

2 팬에 ①의 쇠고기와 물을 넣고 살짝 끓인 다음 모든 재료의 쇠고기양념장을 넣어
양념이 고루 섞이도록 가끔 저어주며 끓이면서 조린다.

3 거의 졸았을 때 마무리 양념인 참기름과 설탕을 넣어 윤기 나게 한 후 잣가루를
뿌린다.

* 장조림과 달리 간편하게 조리해 먹을 수 있는 밑반찬이다.

손님 상차림을 위한 밑반찬

가오리김치 | 꼴뚜기생채 | 마늘종 쇠고기채볶음 | 멍게젓 |
미나리장과 | 미역초회무침 | 배추선 | 서대 된장조림 | 우럭 콩조림 |
죽순 풋콩장아찌 | 통멸치젓(여미젓) | 황태찹쌀구이

가오리김치

_ **재료**

가오리 1kg

설탕 20g

소금 20g

3배식초 1/3컵

무 4kg(무절임 : 설탕 600g, 소금 50g, 3배식초 2큰술)

양념장 : 다진마늘 60g, 고춧가루 60g, 설탕 60g, 소금 25g, 실파 200g, 참기름 3큰술, 3배
식초 2+1/2큰술

_ **조리법**

1 가오리는 껍질을 벗기고 회거리로 채친다.

2 ①을 설탕, 소금, 식초에 3시간 절인다.

3 무는 6×1.5×1.5cm크기로 썰어 무절임 재료에 3시간 절여 물기를 뺀다.

4 ①의 가오리와 ③의 무에 고춧가루와 기타 양념을 버무리고 마지막에 참기름, 식
초를 더 넣고 버무린다.

* 일반 가오리 회무침과는 달리 오래 보관할 수 있는 저장식품이므로 김치라는 표현을 썼다. 단백
질 조성이 뛰어난 해물로써 남자들 술안주나 명절 때 밑반찬으로 좋고, 돼지수육 보쌈할 때 함께
싸 먹으면 별미이다.

꼴뚜기생채

_ 재료

꼴뚜기(小) 100g

무 50g

마늘 2쪽

생강 5g

실파 10g

양념 : 고춧가루 1큰술, 참기름 1작은술, 설탕 1작은술, 소금 1/2큰술, 식초 1큰술

_ 조리법

1 꼴뚜기는 껍질을 벗기고 0.5cm두께로 썬다.

2 무는 0.2×0.5cm길이로 채 썬다.

3 마늘, 생강은 곱게 채 썬다.

4 실파는 2cm길이로 썬다.

5 고춧가루에 참기름을 넣고 꼴뚜기와 무채, 마늘채, 생강채, 실파를 섞어 버무린다.

6 ⑤에 설탕, 소금, 식초를 넣어 간을 맞춘다.

마늘종 쇠고기채볶음

_ **재료**

마늘종 150g(소금 1/2큰술)

쇠고기채 50g

쇠고기양념 : 간장 1/2큰술, 설탕 1작은술, 후춧가루 약간

홍고추채 1개분

설탕 1/2큰술

꿀 1큰술

간장 1작은술

통깨 약간

참기름 약간

_ **조리법**

1 마늘종은 3cm정도로 썰어 소금으로 간한다.

2 쇠고기채는 양념하여 볶는다.

3 소금 간한 마늘종을 연한 소금물에서 50초~1분 정도 데친 후 재빨리 건져 찬물에 헹궈 펼친다.

4 팬에 볶은 쇠고기채와 ③의 마늘종, 홍고추채, 설탕, 꿀, 간장을 혼합하여 얼른 볶아 통깨와 참기름으로 마무리한다.

* 꿀 대신 물엿이나 올리고당을 사용하여도 좋다.
* 색이 아름답고 마늘종 씹히는 맛이 아삭아삭하여 맛이 좋다.

멍게젓

_ 재료

멍게 2kg
생강채 10g
굵은소금 5큰술
고춧가루 6큰술
다진마늘 2큰술
풋고추 2개
홍고추 1개
대파 30g

_ 조리법

1 멍게는 껍질 벗겨내고 굵게 채쳐 채친 생강과 굵은소금으로 30~40분 정도 절인다.

2 ①을 두 번 씻어 생강채는 버리고, 멍게는 체에 30분 정도 밭쳐 물기를 빼고, 멍게 밭친 물에 고춧가루를 먼저 풀어둔다.

3 풋고추, 홍고추, 대파는 3cm길이의 굵은 채를 치고 마늘은 다져둔다.

4 ②의 고춧가루액에 물기 뺀 멍게를 먼저 버무리고 ③을 섞어 통에 담아 2일 후부터 먹는다.

* 먹을 때 무를 채쳐 소금에 절여 물기를 제거하고 고춧가루에 먼저 버무려 위의 재료와 섞기도 한다.
* 오래 두는 젓갈은 아니고 회로 먹다 남은 멍게를 즉석 밑반찬으로 만들 수 있는 별미 젓갈이다.
* 비빔밥이나 된장찌개에 조금씩 넣으면 별미이다.

미나리장과

_ 재료

미나리 1단(150g) : 소금 1작은술

쇠고기(우둔살) 50g

쇠고기양념 : 간장 1큰술, 설탕 1큰술, 다진파 1큰술, 다진마늘 1/2큰술, 후춧가루 1/2작은술,
깨소금 1작은술, 참기름 1큰술

표고 2장

석이 2장

식용유 약간

소금 약간

잣가루 약간

_ 조리법

1 미나리는 잎을 떼어내고 싱싱한 줄기만 골라 깨끗이 씻어 4cm길이로 썬다.

2 쇠고기는 결대로 가늘게 채 썰어 쇠고기양념 2/3를 넣고 무쳐 팬에 볶아 큰 그릇
에 펼쳐 식힌다.

3 표고는 따뜻한 물에 불려 채 썰어서 남겨둔 쇠고기양념으로 양념하여 식용유에
살짝 볶아 식힌다.

4 석이는 뜨거운 물에 불려 손바닥으로 비비면서 돌과 이끼를 제거하고 곱게 채 썰
어 살짝 볶는다.

5 달군 팬에 식용유를 약간 두르고 미나리를 넣고 빨리 저으면서 소금을 솔솔 뿌려
볶아 식힌다.

6 달군 팬에 볶은 고기와 표고를 넣고 식혀둔 미나리를 넣어 재빨리 저어 가면서
볶다가 ④의 석이채를 섞는다.

7 그릇에 담고 잣가루와 완숙 달걀을 곁들여 내면 더욱 좋다.

미역초회무침

_ 재료

건미역 50g

오이 50g(소금 1/4작은술)

실파 10g

홍고추 1/2개

양념 : 고추장 1큰술, 식초 2큰술, 설탕 1큰술, 소금 1작은술

_ 조리법

1 건미역은 찬물에 불려 여러 번 씻은 후 한입크기로 썰어둔다.

2 오이는 어슷썰기하여 소금에 살짝 절인다.

3 실파는 3cm길이로 썬다.

4 홍고추는 3cm길이로 채 썬다.

5 분량의 양념들을 잘 혼합하여 불린미역, 절인오이, 실파, 홍고추를 함께 버무린
다.

* 미역을 물에 불릴 경우 약 9~10배 불어난다.

배추선

_ 재료

배추 1kg

무 200g

당근 50g

다홍고추 2개

표고 3장

쇠고기 100g

쇠고기양념 : 간장 1작은술, 다진파 1작은술, 다진마늘 1/2작은술, 설탕 1작은술, 배즙 1/3컵,
생강즙 1작은술, 후춧가루 약간, 참기름 1작은술

다시마 10cm

대파 30g

마늘 20g

생강 10g

소금 2큰술

간장 2큰술

_ 조리법

1 배추는 반을 잘라 뿌리부분을 잘라낸다. 무는 3cm길이로 채 썰고 얇게 채 썬다.

2 끓는 물에 소금을 넣고 ①의 배추를 2분 정도 삶아 찬물에 헹군다.

3 당근도 무와 같은 길이로 채 썰고 홍고추는 반으로 갈라 씨를 빼고 얇게 채 썬다.

4 표고는 미지근한 물에 설탕을 조금 넣고 불린 후 얇게 포를 떠서 채 썬다.

5 쇠고기는 5cm길이로 얇게 채 썰어 양념하고, 다시마는 물에 담가 우린다.

6 대파는 3cm길이로 잘라 얇게 채 썰고, 마늘, 생강도 껍질을 벗기고 채 썬다.

7 배추를 한 잎씩 펴놓고 무, 당근, 표고, 양념한 쇠고기채, 파, 마늘, 생강채 버무
린 것을 펴 바르고 한 잎씩 켜켜로 올린다.

8 다시마 물 2컵에 소금, 간장을 넣은 뒤 ⑦의 배추를 넣고 고기가 익을 정도로 끓인다.

9 완성된 배추선을 4cm길이로 잘라 그릇에 가지런히 놓고 국물을 붓는다.

서대 된장조림

_ 재료

서대 2마리
된장 70g
다시마국물 1컵
다진마늘 2작은술
다진파 2작은술
물엿 3큰술
설탕 2큰술
조미술 1작은술
후춧가루 약간

_ 조리법

1 서대를 5토막으로 자른 다음 칼집을 넣는다.
2 된장에 다시마국물을 넣고 다진마늘, 다진파, 물엿, 설탕, 조미술, 후춧가루를 넣
 어 끓이다가 서대를 넣어 은근히 조린다.

* 병어나, 가자미, 도미를 같은 방법으로 조리하여도 좋다.
* 생선에 우엉을 넣으면 비린내가 많이 가신다.

우럭 콩조림

_ 재료

우럭 300g

메주콩 40g

양념장 : 멸치국물 1+1/2컵, 간장 4+1/2큰술, 식용유 1작은술, 다진마늘 1큰술, 설탕 1큰술

고운 고춧가루 1/2큰술

물엿 1큰술

_ 조리법

1 우럭은 살이 탱탱하고 싱싱한 것으로 준비하여 먼저 비늘과 지느러미를 제거하고 내장과 아가미를 빼낸다.

2 콩은 씻어 1시간 정도 불린다.

3 냄비에 양념장을 넣고 보글보글 끓이다가 손질한 우럭과 불린 콩을 넣고 센 불에서 끓여 끓기 시작하면 약한 불에서 오랫동안 국물을 끼얹어가며 조린다.

4 국물이 거의 졸았을 때 고춧가루와 물엿을 넣고 윤기 나게 조린다.

* 고운 고춧가루가 없을 때는 굵은 고춧가루를 고운체에 쳐서 사용하면 된다.

죽순 풋콩장아찌

_ 재료

죽순 500g

쌀뜨물 5컵

소금 2큰술

풋콩 또는 완두 100g

간장 1컵

설탕 1/2컵

식초 1/2컵

매실청 1/2컵

물 2컵

_ 조리법

1 죽순은 껍질을 벗긴 다음 쌀뜨물에 넣어 10분 정도 삶아낸 다음 소금에 절인다.

2 풋콩 또는 완두를 끓는 물에 넣어 비린 맛이 안 날 정도로만 살짝 삶아 낸다.

3 간장, 설탕, 식초, 매실청을 끓여서 죽순 절인 것에 붓는다.

4 ③에 풋콩이나 완두콩 데친 것을 같이 넣고 3일 정도 지난 후 꺼내어 먹는다.

* 저장기간을 늘리려면 절인 물을 끓여서 다시 부으면 된다.

통멸치젓(여미젓)

_ **재료**

멸치 5kg

굵은소금 1kg

풋마늘 300g

양념 : 고춧가루 200g, 설탕 100g

_ **조리법**

1 멸치는 대가리와 비늘, 내장을 제거하고 굵은소금에 재워 겨울에는 2일, 여름에
는 1일 정도 숙성시킨 후 서너 번 씻어 체에 밭친다. 만약 절임 멸치가 너무 짤 경
우 물에 담가 짠 맛을 뺀다.

2 풋마늘은 7cm길이로 썰어 굵게 채를 썬다.

3 고춧가루와 설탕을 섞어 양념을 만든다.

4 ①의 멸치에 ③의 양념을 무쳐둔다.

5 ④를 한 켜 놓고 ②의 풋마늘을 그 위에 펼치고 다시 ④를 얹기를 반복하여 차곡
차곡 담아두어 한 달 정도 익힌다.

* 뼈가 똑똑 잘 끊어져야 숙성이 잘 된 것이고, 이북(북청)지방에서 담아오던 방법인데, 요즘은 사
라져가는 slow-food 음식이다. 칼슘이 풍부하며 단백질, 지방 조성이 좋은 식품이다. 통멸치,
특히 강원도 속초 멸치(기름이 많고 살이 통통하다)로 담는 것이 특징이다.

* 응용 요리 : 멸치젓의 살을 찢어 양상치, 치커리 등 생채와 함께 멸치 샐러드를 만든다. 이때 멸
치를 찢어 샐러드 양념장에 먼저 재웠다가 채소와 함께 버무린다.

황태찹쌀구이

_ 재료

황태 3마리(2kg)

다시마물 1컵

채소즙 1컵(배즙, 생강즙, 무즙, 양파즙)

양념장 : 국간장 3큰술, 간장 3큰술, 멸치국물 4큰술, 고춧가루 6큰술, 고추장 6큰술, 매실청
3큰술, 참기름 4큰술, 꿀 4큰술, 다진마늘 3큰술, 다진파 4큰술, 깨소금 2큰술, 실파
3큰술, 채소즙 6큰술

가루 : 찹쌀가루 5큰술, 밀가루 5큰술

식용유 2/3컵

실파 약간

_ 조리법

1 황태는 지느러미, 잔가시, 대가리를 뗀 다음 다시마물과 채소즙을 섞어 20분 정
도 담근 후 물기를 제거한다.

2 양념의 여러 재료를 섞어 양념장을 만든다.

3 ①의 황태를 손으로 꼭 짜서 물기를 제거한 후 등쪽으로 칼집을 3~4군데 넣어
오그라드는 것을 막고, 양념장 일부를 바르고 랩을 씌워 냉장고에 하루 정도 보
관한다.

4 ③의 황태에 남은 양념 마저 바르고 가루를 고루 뿌려 가루가 잘 베이도록 주걱
으로 눌러준다.

5 식용유를 넉넉히 팬에 두르고 ④의 황태를 앞, 뒤로 굽는다.

6 먹기 좋게 썰어 송송 썬 실파를 뿌린다.

야외 도시락 반찬

깡치젓|돼지고기 당귀 고추장구이|마른톳무침|미역자반|
북어강정|북어채무침|북어함초무침|양파장아찌|
은행 땅콩조림|코다리찜|파장아찌

깡치젓(조기새끼젓)

_ **재료**

깡치 5kg
굵은소금 1kg
좁쌀(메조) 200g(고춧가루 50g, 다진마늘 20g)
고춧가루 50g
마늘 20g
생강 5g
설탕 10g
전체양념 : 고춧가루 60g, 다진마늘 20g, 들기름 1큰술, 참기름 1큰술, 다진청양고추 2개, 실
파(송송) 20g, 홍고추 2개, 풋고추 3개, 매실액 2~3큰술

_ **조리법**

1 깡치의 비늘을 칼로 긁어내고 대가리, 꼬리를 떼어낸 후 깨끗이 씻어 소금에 절
인다.(겨울 2일, 여름 1일)

2 좁쌀을 깨끗이 씻어 잔돌을 일어 내고 고두밥을 지어 한 김 내보내고 식힌 다음
고춧가루, 마늘을 넣고 양념밥을 만든 뒤 완전히 식힌다.

3 ①의 깡치를 서너 번 씻어 5~6등분 칼집을 넣고 물기 제거하여 고춧가루, 마늘,
생강, 설탕을 넣고 양념한다.(→ 깡치가 짤 경우 물에 담가 짠 맛을 제거하여 사
용한다.)

4 ②+③을 섞어 버무리고 전체양념으로 다시 버무려 항아리에 넣고 20~30일 숙
성 시킨 후 먹는다.(항아리에 담을 때 내용물을 항아리의 3/4정도 담아 익었을
때 물이 넘치지 않도록 한다.)

5 먹을 때 ④의 젓갈살을 골라 찢어 참기름, 매실액에 버무려 먹기도 한다.

* 깡치는 북한말로 밑에 가라앉은 앙금이나 찌꺼기를 말하는데 부산지방에선 조기새끼젓을 깡치
젓이라 한다. 상추 쌈밥과 함께 먹거나 풋배추와 채소를 곁들여 샐러드로 먹어도 좋다.
* 가자미나 명태식해처럼 좁쌀과 고춧가루양념 등을 넣어 담기도 한다.

돼지고기 당귀 고추장구이

_ 재료

돼지고기(삼겹살, 목등심) 600g
생강 1쪽
당귀 달인 물(물 5컵, 당귀 1뿌리, 청양고추 2개, 다시마 10cm)
고추장 2/3컵
고춧가루 2큰술
조미술 2큰술
간장 2큰술
조청 약간
설탕 1큰술
다진파 1/3큰술
다진마늘 1/2큰술
후춧가루 약간

_ 조리법

1 돼지고기는 4×5×0.3cm로 썰어 끓는 물에 생강을 넣어 데친다.

2 물 5컵에 당귀 1뿌리, 청양고추, 다시마를 넣어 1/2컵이 나오도록 끓여 당귀 달인 물을 만든다.

3 ②의 당귀 달인 물에 고추장, 고춧가루, 조미술, 간장, 조청, 설탕, 다진파, 다진 마늘, 후춧가루를 넣어 고기를 재워 놓는다.

4 냉장고에 넣어 놓고 필요할 때 마다 구워 먹는다.

* 당귀는 신경불안과 고기의 누린 냄새를 제거하는데 효과적이다.
* 당귀 달인 물을 쇠고기양념에 사용해도 좋다.
* 간접 열구이(프라이팬을 사용)를 할 때에는 간장을 약간 줄여서 양념한다.

마른톳무침

_ 재료

마른톳 100g
무 30g
양념장 : 된장 1큰술, 고추장 1큰술, 다진마늘 1큰술, 풋고추, 2개, 다진파 2큰술, 설탕 1+1/2
큰술, 식초 1+1/2큰술

_ 조리법

1 마른 톳은 이물질을 제거한 후 물에 불려 여러 번 깨끗이 씻어 건진다.

2 무는 5cm길이로 채 썬다.

3 양념장의 재료를 모두 혼합하여 양념장을 만든다.

4 톳은 먹기 좋게 썰어 무와 함께 양념장에 넣어 고루 버무려낸다.

* 특히 고혈압에 좋은 건강식이다.

미역자반

_ 재료

자반미역 2컵

식용유 1컵

양념장 : 간장 1/2작은술, 물 1/2작은술, 설탕 1+1/2큰술, 참기름 1작은술

고명 : 통깨 약간, 홍고추채 약간

_ 조리법

1 자반미역은 3cm길이로 썰어 150℃ 정도의 식용유에 살짝 튀겨 종이타월로 기름기를 거둔다.

2 양념장의 재료를 모두 혼합하여 팬에 넣어 끓인 다음 ①의 미역을 넣고 젓가락으로 뒤적이며 양념이 잘 배어들도록 살짝 볶는다.

3 고명을 넣어 섞는다.

북어강정

_ **재료**
북어 2마리(400g)
북어양념 : 간장 2큰술, 설탕 1큰술, 참기름 1큰술, 생강즙 1작은술
녹말 1/2컵
식용유 2컵
양념장 : 간장 1큰술, 고추기름 2큰술, 설탕 1큰술, 물 2큰술, 청주 2큰술

_ **조리법**

1 북어는 물에 잠깐 동안 적신 다음 껍질을 벗기고 가시를 발라낸다.

2 북어를 한입크기로 썰어 북어양념으로 양념한 다음 녹말을 묻혀서 식용유에 튀긴다.

3 양념장의 재료를 모두 혼합하여 끓인 다음 튀긴 북어를 넣어 간이 배도록 알맞게 조리면서 마지막에 통깨와 꽈리고추 볶은 것을 곁들이면 좋다.

* 고추기름은 식용유 1컵에 고춧가루 1/3컵을 넣고 약한 불에 서서히 끓여 고춧가루가 갈색으로 변하면 고은 체에 걸러 사용한다.
* 고춧가루에 물 2~3큰술을 넣어 갠 다음 식용유에 넣어 볶으면 고춧가루가 쉽게 타지 않고 고운 색의 고추기름을 얻을 수 있다.

북어채무침

_ 재료

북어채 100g

양념장 : 고추장 1큰술, 꿀 1큰술, 다진파 1큰술, 다진마늘 1/2큰술, 통깨 1작은술, 고춧가루 1
　　　　작은술, 간장 1작은술, 참기름 1작은술

_ 조리법

1 북어채는 물에 살짝 담갔다 꼭 짜서 부드럽게 한다.

2 양념의 재료를 모두 혼합하여 양념장을 만든다.

3 ①의 북어채에 양념장을 고루 섞어 무친다.

* 오징어채를 이용해도 좋은 반찬이 된다.

북어함초무침

_ 재료

북어 1마리
함초 100g
고추장 2큰술
조청 2큰술
다진마늘 약간
다진파 약간
깨소금 약간
참기름 약간

_ 조리법

1 북어는 물에 적셔 방망이로 두들겨 부드럽게 한 후 5cm길이, 1cm두께로 찢는다.

2 함초는 끓는 물에 데쳐 냉수에 헹구어낸 다음 물기를 없앤다.

3 고추장에 조청, 다진마늘, 다진파, 깨소금, 참기름을 넣고 잘 섞은 다음 함초와 북어를 넣어 무친다.

* 함초는 황설탕에 3:1로 재워서 발효차를 만들 수 있다.
* 생 함초는 냉동 보관하여 요구르트와 섞어 갈아 주스를 만들면 좋은 음료가 된다.
* 함초는 돼지머리 편육, 불고기와도 잘 어울린다.

양파장아찌

_ 재료

양파 300g

식초물(식초:물=1:1) 6컵

간장물 : 간장 1컵, 물 3컵, 소금 1큰술, 설탕 3큰술

_ 조리법

1 양파는 4등분하여 식초 물에 담가 이틀 정도 삭힌 후 건진다.

2 간장물의 재료를 모두 섞어 한소끔 끓인 다음 식혀서 삭힌 양파에 부어 익힌다.

* 풋고추와 깻잎, 오이도 같은 방법으로 만들어 밑반찬으로 먹을 수 있다.

은행 땅콩조림

빛깔있는 책들 201-13

밑반찬

초판 1쇄 인쇄 2009년 10월 13일
초판 1쇄 발행 2009년 10월 21일

글 | 이춘자 외
사진 | 권순철

발행인   장세우
편 집   황병욱
총 무   김인태, 정문철, 김영원

발행처   주식회사 대원사
         우편번호 140-901
         서울 용산구 후암동 358-17
         전화번호 02. 757. 6717
         팩시밀리 02. 775. 8043
         등록번호 제3-191

http://www.daewonsa.co.kr

값 8,500원

ⓒ이춘자, 2009

Daewonsa Publishing Co., Ltd
Printed in Korea 2009

ISBN   978-89-369-0275-9   04590

빛깔있는 책들